水环境与水生态科普丛书

丛书主编　曲久辉

水是如何重生的

任洪强　主编

中国建筑工业出版社

图书在版编目（CIP）数据

水是如何重生的 / 任洪强主编. -- 北京：中国建筑工业出版社，2024.10. --（水环境与水生态科普丛书 / 曲久辉主编）. -- ISBN 978-7-112-30487-5

Ⅰ. X703-49

中国国家版本馆CIP数据核字第202453KQ23号

《水是如何重生的》是一本科普读物，全书共有5部分内容，包括：回用水初登场；厉害的回用水；回用水，从哪里来，到哪里去；水的重生之旅；回用水的未来。

本书通过小龙老师和记者的对话，介绍了回用水的定义、来源，以及回用水对人类、社会、自然界的重要性，对水回用的新技术、新方法进行科普。适合中小学生以及对水环境与生态感兴趣的读者阅读。

责任编辑：沈文帅　张伯熙　石枫华
书籍设计：锋尚设计
责任校对：赵　力
插图绘制：重庆阿尔几比动漫设计有限公司

水环境与水生态科普丛书
丛书主编　曲久辉
水是如何重生的
任洪强　主编

*

中国建筑工业出版社出版、发行（北京海淀三里河路9号）
各地新华书店、建筑书店经销
北京锋尚制版有限公司制版
北京富诚彩色印刷有限公司印刷

*

开本：889毫米×1194毫米　1/20　印张：2⅗　字数：37千字
2024年11月第一版　　2024年11月第一次印刷
定价：30.00元
ISBN 978-7-112-30487-5
（43862）

版权所有　翻印必究
如有内容及印装质量问题，请与本社读者服务中心联系
电话：（010）58337283　QQ：2885381756
（地址：北京海淀三里河路9号中国建筑工业出版社604室　邮政编码：100037）

本书编委会

主　编

任洪强

副主编

刘会娟　耿金菊　钟　寰

编　委

王　霞　巫寅虎　邹雪艳　范　伟（按照姓氏笔画排序）

组织编写单位

中关村汉德环境观察研究所

中国城市科学研究会水环境与水生态分会

前 言

水是我们生活中不可缺少的重要资源，它贯穿人们的日常生活：清晨的刷牙洗脸，午后的一杯香茶，夜晚的洗澡就寝，都有水的"身影"。然而，随着人口的增长和工业的发展，人们的用水量也不断增加，保护水资源变得尤为重要。

亲爱的小读者们，这本精心编写的书籍，可以引领我们踏上一场奇妙的"水回用"探索之旅，揭秘那些曾被人们使用过的水是如何踏上重生之路，再次焕发生机的。在这里，我们将读到回用水的神奇故事，了解回用水从哪里来，到哪里去，使小读者们学到有关保护水资源的知识。

我们诚挚地希望，通过这本书的陪伴，小读者们能成长为水资源的小小守护者，不仅在自己心中种下珍惜每一滴水的种子，还能将这份珍贵的意识传递给身边的每一个人。

愿这本书成为你们成长路上的良师益友，希望它不仅能丰富你们的知识，更能在你们心中留下对水资源的爱与敬畏。期待在未来的日子里，见证你们成为环保领域的小先锋，用实际行动影响和带动更多人，共同创造更加绿色、可持续的美好明天！

目录

01　回用水初登场

13　厉害的回用水

20　回用水，从哪里来，到哪里去

30　水的重生之旅

38　回用水的未来

小朋友们，你们知道水有多重要吗？水就像我们生活中的超级英雄，能给我们解渴，能供我们洗澡，还能帮助我们做出美味的饭菜。

没有水出来……

想象一下，如果水龙头里没有水，那会有多不方便啊！如果没有水，我们将不能洗手，不能洗澡，也不能淘米煮饭。

水不仅是人类的好朋友,也是地球上生命的保障。如果水不够用,鱼儿就会失去生命,树木就会枯萎,大自然就会失去缤纷的色彩。

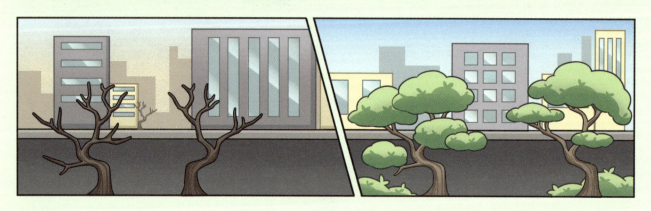

不过，小朋友们不用担心，我们可以使用"魔法"，让用过的水重生，通过它可以解决水资源短缺的问题，这种魔法就是"水回用"！

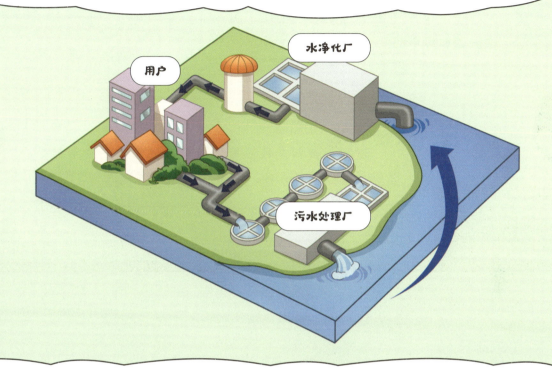

想象一下，我们日常洗脸、刷牙、洗衣服会产生很多污水，这些污水流入下水道后，经过处理，用过的水就能变洁净，被我们再次利用，这个过程就是水回用，是不是很神奇！

哇,这个水看起来好清澈啊!这就是回用水吗?

没错,这就是经过专门处理的回用水。它看起来和自来水一样干净,它有很多用处呢!

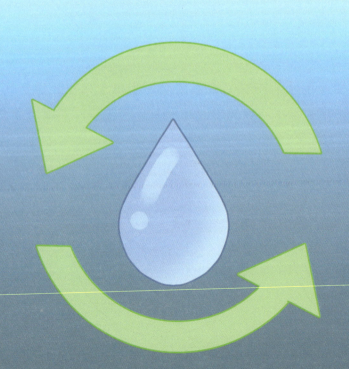

小龙老师,什么样的水是回用水?

简单讲,就是把人们用完后变脏、变臭的水收集,再用一些高科技的方法将其净化,得到可以再次利用的水。

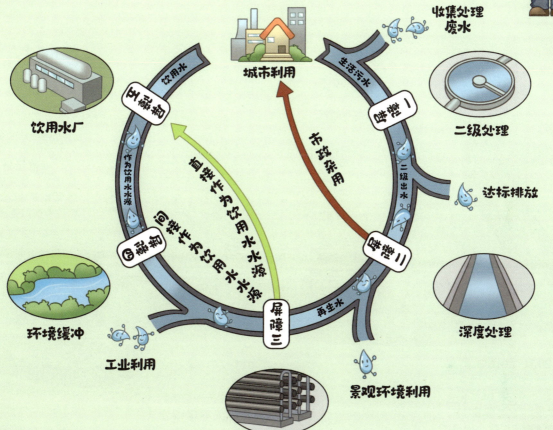

好神奇啊!为什么回用水能够帮助我们解决水资源短缺的问题?

因为有了回用水,我们就可以减少使用自然界新鲜的水,自然界有限的水资源就能用得更久。

小龙老师，除了中国，其他国家在水回用方面是不是也做了相关工作呢？

是的，加拿大在2001年颁布了《使用回收水实践法》，美国在2021年颁布了《饮用水与污水协定》。

小龙老师,我听说美国西部十分缺水,那里也会使用回用水吗?

美国虽然水资源丰富,但是东部和西部水资源分布不均匀,西部地区严重缺水。2019年,美国实施国家水回用行动计划,全方位推进回用水利用。

他们把回用水用在哪些方面呢?

在美国,回用水被用作农业灌溉与城市绿地灌溉。目前,美国每天用于农业灌溉的回用水有253.6万立方米!

哇!水回用真是大大提高了水的利用率,在世界很多国家为可持续发展做出了重要贡献呢!

人们主动使用回用水,比如在生活中,使用回用水浇灌花草,在生产活动中使用回用水冲洗道路、车辆,不再频繁地使用自然界新鲜的水,可以减少对自然界水资源的依赖,缓解自然界水资源紧张状况及供需矛盾。

使用回用水,可以减少直接排放到自然水体中的污水,减少水体污染,有利于保护水体生态系统和生态环境。

小龙老师，使用回用水，可以缓解水资源供需矛盾、保护水体生态环境，也能提高经济收益吗？

是的，制造业企业使用回用水，可以节约运营成本，提高经济收益。比如，我国有的钢铁厂使用回用水作为生产、运营的补充用水，每年可以节约近千万元的用水费用，提高经济收益。

小龙老师,我听说,创造回用水的"魔法"——水回用可以提供新工作岗位,是真的吗?

是的,与水回用有关的新工作岗位有水回用研发工程师、水处理工程师、水质监测员等。

小朋友们，回用水价值这么高，它很厉害吧！我们一定要好好学习水回用的知识，努力成为推广利用回用水的小专家、绿色家园的守护者！

回用水，从哪里来，到哪里去

既然回用水有这么多用处,那么用于回用的水是从哪里来的呢?

这个问题问得很好!回用水主要来自工业废水、生活污水、雨水。不同来源的回用水,处理工艺和成本也有很大差异!

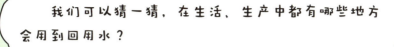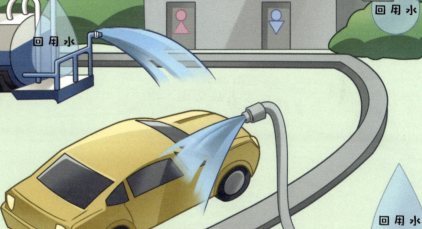

小龙老师，公园里的植物也用回用水浇灌吗？

有部分公园使用回用水浇灌植物，不过，只有达到《城市污水再生利用 景观环境用水水质》GB/T 18921—2019中的物理指标（浊度、色度等）、化学指标（生化需氧量等）、生物指标（大肠菌群等）要求的回用水，才可以作为浇灌用水。

我想起来了，听说北京奥林匹克森林公园就使用了回用水！

没错，北京奥林匹克森林公园就利用以雨水和生活污水为水源生产的回用水进行园林绿化。

小龙老师,农业灌溉也能使用回用水吗?

我国农业灌溉年均用水量基本维持在约3400亿立方米,要知道,我们的三峡水库也只能蓄水393亿立方米,农业灌溉年均用水量比8个三峡水库的蓄水量还要多呢!所以将回用水用作农业灌溉是非常有必要的!

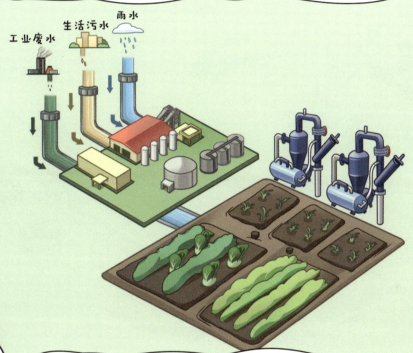

农业灌溉使用回用水时,需要注意什么?

要注意,农业灌溉时,回用水水质要达到《城市污水再生利用 农田灌溉用水水质》GB 20922—2007的要求。

小龙老师，还有什么领域会用到回用水呢？

芯片制造业会用到回用水。芯片是电子设备的重要部件，然而，芯片在复杂的制造过程中有可能受到污染。回用水经过一定处理之后，达到使用标准，就可以用其清洗芯片。

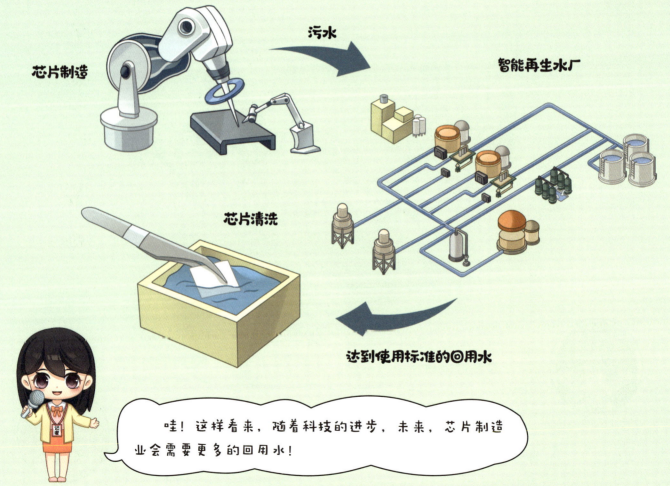

哇！这样看来，随着科技的进步，未来，芯片制造业会需要更多的回用水！

是的！随着科技的进步，未来芯片的生产量会更大，需要更多的回用水参与芯片的制造过程。回用水不仅支持了科技的进步，也为创造更美好的世界贡献了力量！

小龙老师，回用水可以用在工业生产吗？

可以，目前，在石油化工行业、钢铁行业、有色金属行业、纺织行业都有回用水参与生产。

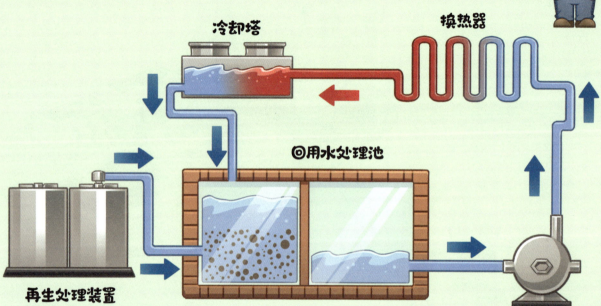

这些行业使用回用水也能节约成本、节约水资源吗？

当然啦，回用水可以用在工业生产过程中的很多环节，比如冷却系统，简单地说，就是让回用水帮助工作时发热的机器降温。这样，不仅可以降低冷却成本、节约资源，还能减少环境污染呢！

小龙老师，听说回用水不仅可以在地球上使用，也可以在太空中使用啊？

是的。在太空中，水是非常珍贵的资源，因为，宇宙空间站携带的水资源有限，所以，宇宙空间站内部的水处理设备可以从宇航员每天的汗液、尿液、呼出的气体中收集水，并进行净化处理，使之成为可饮用的水。

哇，这种方法太机智了！

回用水在太空环境的使用显著减少了宇航员对外部水源的需求，降低了太空任务的成本。而且，水资源循环利用还能维持宇宙空间站内部环境的稳定性和宇航员的健康呢！

在太空中使用回用水，未来可以帮助人们对太空进行深度探索，帮助人们了解广阔的宇宙。

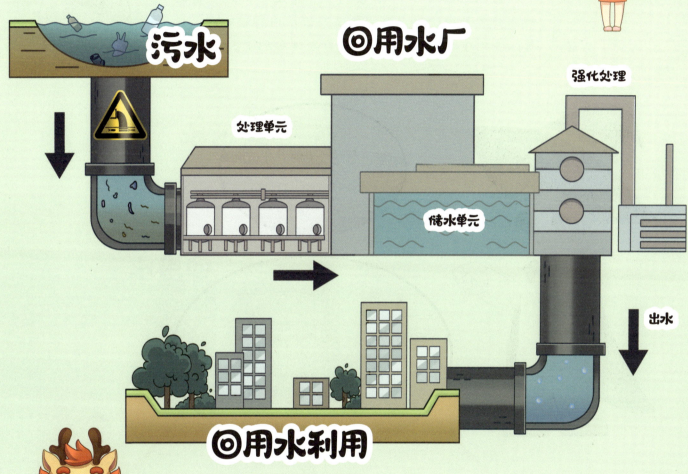

小龙老师，回用水厂是什么呀？它也是一种工厂吗？

是的，回用水厂就像一个"魔法"工厂，未处理或初步处理的污水在"魔法"工厂内经过物理、化学、生物技术处理后，变成可再次使用的水。

小龙老师，具有"魔法"的回用水厂是通过什么方法将水变清洁呢？

我们的回用水厂是非常现代化的！里面有很多先进的工艺车间，每一个车间都有不同的先进技术，能够以不同的方法一步一步净化水质，让我们一起来看看吧！

小龙老师,这样复杂的工厂一定需要很多工作人员吧?

当然不用啦!工作人员可以通过手机或电脑对回用水厂进行控制,即使工作人员不在工厂,回用水厂照样正常运转哦!

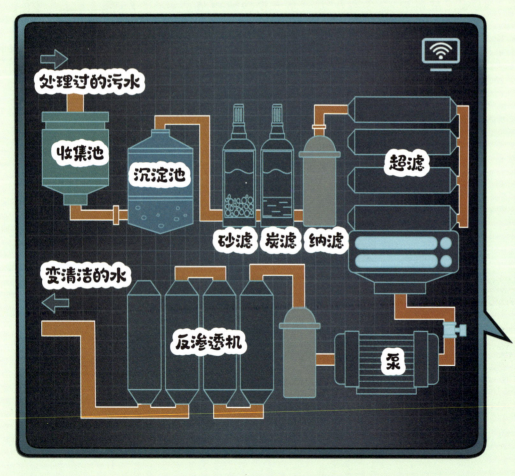

嘿,小龙老师,未来回用水厂也可以使用机器人处理污水吧?

可以啊,科学家正在研发利用太阳能产生可定向移动的微型机器人,将水中有危害的物质全部吸走,未来回用水厂可以使用它们处理污水!

小龙老师,我听说过一些水处理技术,比如自然过滤技术、仿生膜技术。仿生膜技术很新颖,您能具体讲讲吗?

仿生就是对某种生物结构进行模仿,再将其应用到具体场景中。仿生膜技术就是众多仿生技术中的一种!

好神奇啊,仿生膜技术是如何在水处理中发挥作用的呢?

仿生膜的结构与人体内净化血液的肾脏的结构相似,它就像净水器一样,能让干净的水顺利通过,而灰尘、细菌等杂质则会被阻拦在膜外。我们可以通过图片了解仿生膜中的反渗透膜构造。

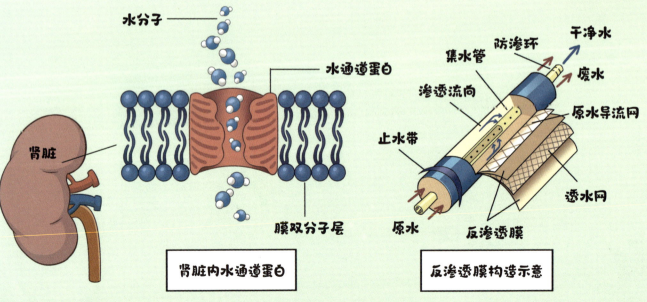

肾脏内水通道蛋白

反渗透膜构造示意

 小龙老师，净化后的回用水被储存在哪里？

 工厂生产的回用水，遵循"先储存，以备后续利用"的模式，经过净化的回用水通常被储存在专用的储水容器、湖泊或地下水库中。

 我们可以直接使用回用水吗？

 当然可以啦，在确保回用水的质量符合人们日常生产生活水质安全保障要求的条件下，可以直接通过管网系统将净化后的回用水输送到需要的地方，供人们使用。

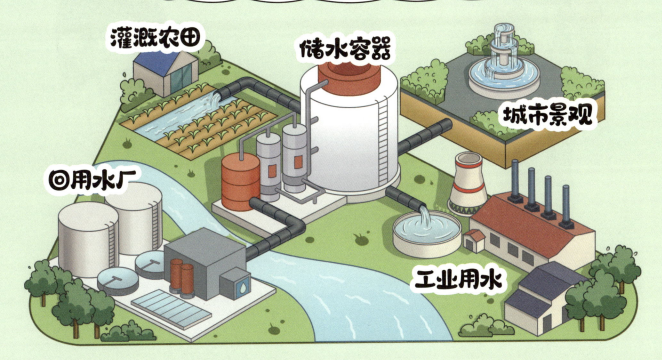

小龙老师,全世界都在推广使用回用水吗?

是的,你说得没错,联合国为此设定了与之相关的可持续发展目标,未来我们要确保全世界水资源和卫生设施的可持续管理和可用性,而污水回用就是关键策略之一。

具体要达到什么样的目标呢?

真是一个好问题!这个目标是,到2030年,各行业都要提高水的利用效率,确保对淡水进行可持续利用,同时,要从源头入手,减少污水排放。

其实,中国水环境经过几十年发展,也是奔着这个目标努力。

一起努力,为了一个水资源可持续的未来!

那么，小龙老师，未来我们国家会大量使用回用水吗？

我国的水资源状况比较特殊，人均水资源拥有量不到世界平均水平的1/4。除此之外，我国南方和北方的淡水资源分布非常不均衡，北方的淡水资源大约只有南方的1/4，这导致了我国对水回用技术的需求特别迫切。

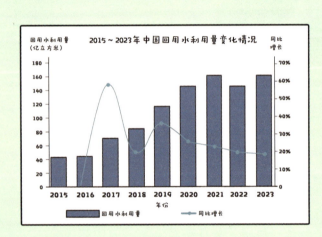

2023年我国和部分典型国家、世界的人均库容水量对比

哇！看来回用水在未来的中国还大有可为呢！

未来，如果我们每天使用1万立方米的回用水，一年就相当于建设了1座约400万立方米的水库，可满足农业、工业和城市景观用水的需求，增加水资源的供给！

小龙老师,回用水的未来场景会是什么样子?

在未来,回用水的应用会非常便利!试着想象,未来每个小区、每栋建筑、甚至每个家庭都会有自己的回用水系统,到了那时,我们的小区、学校、工厂,每天都可以自行处理自己产生的污水,并且做到"在哪里产生,就在哪里回用",既方便,又高效,人人都能为更清洁、更美好的环境贡献力量!

小龙老师,我要把这些知识告诉我身边的人,多加宣传!

说得非常对!我们要增加公众对回用水的科学认知,让大家认识到水回用是非常有效的资源节约措施,它不仅用途广泛,而且对我们的生活和环境大有裨益。同时,也要呼吁更多热爱科学的小朋友们加入我们,积极学习,通过水回用"魔法"把我们的家园变得更美丽!

为了更清洁、更美好的未来,让我们共同努力!